Informe Técnico de Estadía para crear un Manual de Herramientas de Planeador

Hannia Laguna Suh

Bibliographic information published by the German National Library:

The German National Library lists this publication in the National Bibliography; detailed bibliographic data are available on the Internet at http://dnb.dnb.de.

ISBN: 9783346851741
This book is also available as an ebook.

INFORME TÉCNICO DE ESTADÍA

Manual de Herramientas del Planeador

Sensata Technologies de México, S. de R. L. de C. V.

Nombre de la Estudiante: Hannia Laguna Suh

Programa Educativo: Ingeniería Industrial

Lugar y Fecha: 24 de marzo 2023, Aguascalientes, Ags.

Contenido

Resumen

Con la integración del proyecto Manual de Herramientas del Planeador se pretende fortalecer el sistema de información, con el fin de lograr llegar a los objetivos de la organización de una manera más dinámica, flexible y objetiva con la participación e involucramiento de todos los integrantes del área de planeación de materiales dentro de la empresa Sensata Technologies de México., una empresa líder en tecnología industrial que desarrolla sensores, incluidos controladores y software, y otros productos de misión crítica para crear valiosos conocimientos empresariales para clientes y usuarios finales.

Las herramientas para la planeación de materiales son parte importante de cualquier organización. Tiene como objetivo principal asegurar que la empresa dispone de todos los materiales necesarios para satisfacer la demanda de los clientes en el tiempo establecido. Asimismo, tiene otros objetivos como reducir el inventario de materiales y disminuir o aumentar el tiempo de arribo dependiendo la demanda de los clientes. De esta manera, la empresa será capaz de suministrar el producto correcto en el momento y lugar acordado.

Este manual se enfoca en lograr la eficiencia al planificar y gestionar los materiales. Logrando que a través de este proceso se prevean los cambios y se indique el plan de acción en caso de que ocurran, disminuyendo considerablemente los riesgos que afecten de forma negativa a las líneas de producción.

Al reconocer elementos para determinar los requerimientos de materiales, el sistema trabaja principalmente con los tiempos de entrega, inventario, cantidad mínima de pedido y demanda se encarga de calcular qué cantidad de componentes se necesitan comprar para satisfacer la demanda. Mostrando el plan de aprovisionamiento y compras a realizar a cada proveedor junto con informes de excepción, en los que se incluyen las irregularidades y retrasos de las órdenes de fabricación que repercuten en los plazos de entrega y en el plan de producción.

Se proporcionará un manual de herramientas para que sea más sencillo, teniendo instrucciones definidas, permitiendo tener una mejor organización tanto en la línea de producción como en el área de planeación de materiales. Cabe resaltar que es importante la opinión y recomendaciones para aplicar mejoras.

Introducción

Antecedentes de la empresa

General Plate Company fue la predecesora de Sensata Technologies, fundada en Attleboro,MA, en 1916 por Rathbun Willard, que fabricaba placas de oro para la industria joyera. Después se combinó sucursal con Spencer Thermostat Company en 1931 y se patentó su primer protector de motores en 1937.

En 1941 se construyó y diseñó su primer circuito de frenos para vehículos militares y aviones. Influyendo la expansión a Europa y México en 1950. Después se unió con la empresa Texas Instruments en 1959 y en 1960 se desarrollaron los primeros protectores para luces fluorescentes.

De 1963 a 1996 se extiende a Asia y Brasil. Iniciando el diseño y la fabricación de todo el panel de control para Apollo 11 moon mission en 1965.

En 2005 se realizó el proyecto MEMS sensores de presión para filtros diésel. Seguidamente la afiliación fue comprada por Bain Capital y se le asignó el nombre actual, Sensata Technologies.

Actualmente, Sensata Technologies es uno de los principales proveedores mundiales de soluciones de detección, protección eléctrica, control y gestión de la energía, con operaciones y centros de negocio en trece países.

Misión

Ser el principal proveedor mundial de sensores y controles satisfaciendo las crecientes necesidades mundiales de seguridad, eficiencia energética y un ambiente limpio; siendo un excelente socio, empleador y vecino.

Visión

Ser un líder mundial y uno de los primeros innovadores en soluciones y conocimientos ricos en sensores de misión crítica.

Descripción del área

La presente propuesta se lleva a cabo en el Departamento de Planeación de Materiales, responsable de la planificación y cálculo de cantidades de materiales que deberán ser requeridos a los proveedores, así como también se encarga de gestionar los plazos de entrega para cumplir con el programa de producción. Tiene el objetivo de satisfacer las demandas de los clientes respecto a sus productos, controlar inventarios, gestionar cadenas de suministro, reducir costos y responder a los cambios del mercado.

Antecedentes del problema

El área de Planeación de Materiales está conformada por 8 miembros, un jefe de Planeación, cinco Planeadores y dos Becarios. Actualmente se gestionan los requerimientos de 1190 componentes electrónicos provenientes de catorce diferentes orígenes.

La descripción de las responsabilidades, así como la antigüedad de los planeadores se muestra a continuación en la Tabla 0.1.

Tabla 0.1 Tabla de descripción de responsabilidades

Planeador	Responsabilidades	Antigüedad (años)
1	Planeación y control de 300 ítems	8
2	Planeación y control de 288 ítems	6
3	Planeación y control de 238 ítems	4
4	Planeación y control de 191 ítems	<1
5	Planeación y control de 173 ítems	<1
6 becario	Elaboración de 5 reportes de control	<1
7 becario	Elaboración de 2 reportes de control Planeación y control de 10 ítems	2

Fuente: Elaboración propia

Como se aprecia en la Tabla 0.1 existe una correlación entre la antigüedad del Planeador con la cantidad de ítems a planear; sin embargo, para equilibrar la carga de trabajo, es necesario que los miembros que se incorporan adquieran las habilidades de planeación.

El área de planeación de materiales requiere tanto conocimiento de los procesos internos como de habilidades de organización y gestión de la información. Históricamente, cuando se incorpora un nuevo elemento al área, el jefe del Planeación le asigna sus responsabilidades y lo "capacita" para realizarlas, sin embargo, no existe un manual de procesos del área que pueda consultar para sus actividades o para realizar propuestas de mejora. Los planeadores actualmente trabajan con base en su experiencia en la planeación y control de los ítems asignados.

Capítulo 1. Planteamiento del problema

1.1. Planteamiento del problema

La razón para realizar el actual proyecto fue por el rápido crecimiento del proyecto GIGAVAC, ya que no se cuenta con un documento que contenga en forma ordenada y sistemática información sobre los procedimientos necesarios para la correcta ejecución del trabajo en el área de Planeación de Materiales, por lo que las capacitaciones no incluían una secuencia lógica de cada una de las actividades, dificultando unificar y controlar las rutinas de trabajo.

En el Departamento de Planeación de Materiales la mayoría del personal es de nuevo ingreso, con deficiencias en la capacitación en sus funciones, por lo que no identifican claramente las actividades, lineamientos y procedimientos para realizar las actividades de forma estructurada.

Frecuentemente:
- Se duplican órdenes de compra generando sobre inventario
- Expeditación innecesaria de materiales
- Paros de línea por falta de materiales

Es necesario un documento que contenga en forma ordenada y sistemática información sobre los procedimientos necesarios para la correcta ejecución del trabajo en el área de Planeación de Materiales.

1.2. Objetivo general

Diseñar un Manual de Herramientas del Planeador, mediante el análisis, secuenciación y unificación de actividades para la toma de decisiones en la administración de los materiales con el fin de contribuir en el logro de los objetivos de la empresa.

1.2.1. Objetivos específicos.

- Identificar y unificar las actividades clave
- Contar con procesos ordenados y sistemáticos
- Favorecer la toma de decisiones

1.3. Justificación

Los ítems que se planean y controlan dentro de la empresa tienden a la falta de control, influyendo significativamente en los costos de la organización. Ya que principalmente el costo de expeditación por ítem. El cual varía desde los $100 a los $25,000, en los que influyen la cantidad, peso y tipo de transporte. esto proporciona.

1.4. Alcances y limitaciones

Principalmente los alcances del proyecto se basan en la implementación de un respaldo del proceso de planeación. Evitando la implementación de planteamientos incorrectos y pudiendo ser implementado en áreas relacionadas.

Las limitaciones se basan en los datos que contiene el manual es elaborado de manera deficiente podría causar confusión, ya que, si se sintetizan demasiado podría volverse poco entendible, pero si se utiliza demasiado detalle podría volverse complicado. También el manual podría sufrir cambios, por lo que requerirá actualizaciones continuas para que siga siendo efectivo.

1.5. Cronograma de actividades

En la **Fehler! Verweisquelle konnte nicht gefunden werden.** se encuentran las secciones del manual a crear en orden secuencial, de acuerdo con el número de semanas de duración del proyecto.

ACTIVIDAD	1	2	3	4	5	6	7	8	9	10	11	12	13	14	15
Sección "In transit"	■	■													
Sección "On Hold"			■												
Sección "Receipt vs Usage"				■											
Sección "ISO's report"					■										
Sección "Inventory trend"						■									
Sección "Planners Inventory"							■								
Sección "Material Status/High Runner Coverage"								■	■						
Sección "Minutas"										■					
Sección "Short Items"											■	■			
Sección "Turbo Tracker" y "SSR"													■	■	■

Tabla 1. Cronograma de secciones a crear en la empresa.

Fuente: Elaboración propia

Capítulo 2. Marco Teórico

2.1. Principios de la planeación

La misión de una administración de materiales y producción se refiere al planeamiento, diseño, implementación, ejecución y control de los sistemas de producción y control de materiales. Las actividades relacionadas se refieren a diseño del proceso, selección del equipamiento, selección y capacitación del personal, selección de los materiales, selección de los proveedores, seguimiento de materiales, distribución interna de material, programación del plan e implementación del sistema de control se refieren al control de calidad, control del programa de producción, control de inventarios, control de la productividad, definición de las políticas de control, diseño del sistema de control, implementación del sistema y su evaluación.

A medida que la empresa aumenta en tamaño y complejidad, buscando mayor eficiencia, es normal que la Administración de la Producción produzca una delegación de funciones.1

El correcto manejo de materiales puede influir en la reducción de costos mediante su acumulación, resulta poco práctico que cualquier producto que deba estar en existencia sea abastecido exactamente en el momento que se necesita. Por lo que es necesario establecer un conjunto de decisiones que deben indicar cuándo reabastecer existencias y cuántas existencias hay que reabastecer, así las piezas pueden ser inventariadas y ser trasladadas de manera más económica, manteniendo un inventario periódico.

Los cambios de demanda no deberían hacer que el sistema reaccione con un incremento de costos. Pero al implantar un sistema de inventarios se deben considerar los siguientes costos:

- Costo del producto
- Costo relacionado con la adquisición
- Costos de transporte
- Costos asociados con "faltas de existencias"
- Costos de procedimientos de control

Formal o informalmente, las decisiones sobre el control de inventarios deben de considerar estos componentes y sus disyuntivas.

Aunque la metodología es mejor aplicada en un sistema periódico. Siempre habrá situaciones de inventarios:

- **deterministas:** variables conocidas con certeza
- **estocásticas:** variables probabilistas

2.2. Proceso de planeación de materiales

El proceso de la planeación de los materiales contiene procesos de planeación, negociación, pedido, recepción, uso y control. Esta diversidad de procesos, la gran variedad de materiales, la información que se genera y la participación de proveedores, hace que la administración de los materiales sea compleja, por lo que es importante comprender el fenómeno y contar con procedimientos sistematizados.

2.2.1. Definición de la fase de planeación

La planeación es la primera fase que permitirá llevar el control del proyecto en forma ordenada y congruente, está basada en la capacidad de producción, la cantidad mínima de pedido, tiempos de entrega, capacidad de los almacenes, demandas actuales y demandas a futuro.

Inicia con la identificación de cada uno de los materiales asignados al área o planeador, así como la cuantificación de la cantidad necesaria. Distribuyendo los recursos con el uso de una hoja electrónica, que integra los recursos presupuestados con el tiempo programado en las que se deben recibir los materiales.

En la planeación la comunicación entre áreas es indispensable para una administración eficiente, porque da la visibilidad necesaria a las partes involucradas, tales como: Gerencia, Almacén, Manufactura, Compras y Proveedores.

2.3. Planificación en un contexto de necesidades justo a tiempo

En la planificación es necesario aplicar el concepto justo a tiempo. Como menciona Lamouri, S., & Thomas, A. (2000); "La evolución de las empresas industriales ha pasado recientemente de una fase de fuerte crecimiento a otra de mayor complejidad de los productos, causando una ampliación de la gama de productos en los catálogos, diversificación y personalización de los modelos. La tendencia actual es utilizar, con técnicas de gestión de la producción como la planificación clásica de los recursos de fabricación, el concepto de plan maestro de producción (MPS) de dos niveles, mediante facturas de planificación con porcentajes que indican la probabilidad de que se utilice tal o cual opción. Ello requiere, no obstante, la aplicación de un enfoque riguroso de mejora continua que utilice los conceptos de just in time (JiT) y calidad total (TQ)."

2.4. Administración de operaciones

Las empresas de todo el mundo han dado una enorme atención a los programas de gestión, pero debido a que el punto de vista de la gerencia es muy diferente al lado productivo las acciones gerenciales para mejorar el desempeño financiero reflejan la suma de las contribuciones independientes de diferentes partes de la empresa en vez de analizar las causas independientes de los resultados financieros. Por lo que simplemente les obliga a manipular partes del negocio que generen un gasto, ya sea reduciendo la remuneración de los empleados o los pagos a los proveedores, subcontratar el trabajo o contratos de compras a los países menos desarrollados. No importa qué medidas se eligen, siempre y cuando se reduzca el gasto anual. 2

Sin embargo, cuando los gerentes asuman que el desempeño financiero de las operaciones de negocio resulta de un patrón de relaciones entre una comunidad de partes interrelacionadas, y no es simplemente la suma de las contribuciones individuales a partir de una colección de piezas independientes, su enfoque de la reducción de costos podría ser totalmente diferente. En ese caso, los administradores podrían reducir los costos y aumentar la productividad influyendo en factores distintos de cambios puramente físicos, pudiendo aumentar su productividad al crear interés, atención y cuidado individuales.

El enfoque conductual en la administración consiste principalmente en la práctica de las actividades que se sobreponen en la Figura 1.

Figura 1. El proceso administrativo

Fuente: Administración de la producción y las operaciones 4ta ed

La planeación comprende todas las actividades que generan un curso de acción, generando orientación a las acciones a futuro. Mientras que la organización implica todas las actividades que crean una estructuración, y finalmente el control que consiste en aquellas actividades que permiten asegurarse de que todo ocurra según lo planeado.

Destacando la importancia de estudiar la organización desde un punto de vista "sistemático total". Haciendo que la identificación de relaciones entre subsistemas, la predicción de efectos por cambios en el sistema, la creación de uniformidad en las técnicas y la implementación de mejoras.

Un sistema de producción consiste en insumos, procesos, productos y flujos de información, que lo conectan a clientes y ambiente externo se ve ilustrado en la

Figura 2. El sistema de administración de operaciones

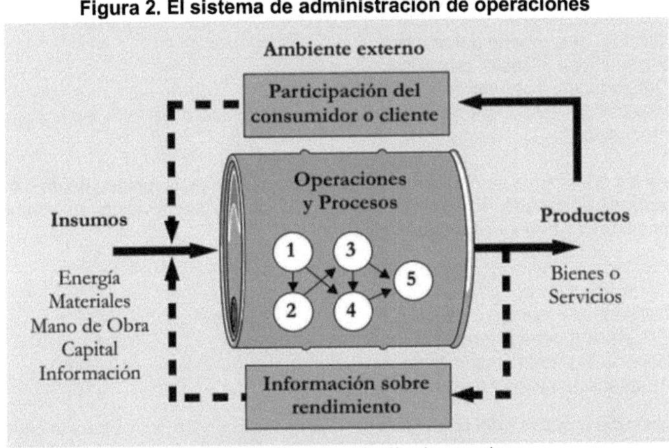

Fuente: Administración de la producción y las operaciones

No solo las entradas y salidas varían de un tipo de actividad a otra; también el proceso de transformación presenta características diferenciales para cada caso específico. Teniendo toda la información necesaria para controlar las operaciones en el trabajo mismo. 3

2.5. Administración del trabajo

El enfoque de las operaciones es necesario para establecer la estrategia general para el subsistema, así como políticas, programas y procedimientos. La integración teórica se muestra en la Figura 3.

Figura 3. Temas sobre la administración del trabajo.

Fuente: Administración de la producción y las operaciones 4ta ed

Con esto se pueden establecer las prioridades en función de:

- Calidad: desempeño del producto
- Eficiencia en el costo: precio bajo del producto
- Dependencia: confiabilidad
- Flexibilidad: respuesta rápida con nuevos productos o cambios en volúmenes de producción

En base a las prioridades se establece la forma y contenido de la función de operaciones y lo que esta lleva a cabo. El enfoque estratégico puede ser dividido en submetas de operaciones, en las que se especifica lo siguiente:

1. Producto o servicio (características principales)
2. Características del proceso
3. Calidad del producto o servicio
4. Eficiencia (buenas relaciones y control de costos)
5. Servicio al cliente (satisfacción de demanda y cumplimiento de fechas)
6. Adaptabilidad para subsistencia

La selección del proceso y del producto o servicio establecen los límites para la satisfacción de los objetivos de las operaciones.

2.6. Análisis y diseño de procedimientos

El primer punto que debe concretarse cuando se investigan uno o varios procedimientos, ya sea para describirlos, implantarlos, mejorarlos o sustituirlos, es el definir con la mayor precisión posible los siguientes aspectos:

1.-Delimitación del procedimiento: se podrá fijar el objetivo del estudio una vez contestadas las siguientes preguntas.
- ¿Cuál es el procedimiento que se va a analizar?
- ¿Dónde se inicia?
- ¿Dónde termina?

2.- Recolección de la Información: consiste en recabar los documentos y los datos, que una vez organizados, analizados y sistematizados, permitan conocer los procesos tal y como operan en el momento, y posteriormente proponer los ajustes que se consideren convenientes. Las técnicas que usualmente se utilizan para recabar la información necesaria son:
a) Investigación documental.
b) Entrevista directa.
c) Observación de campo.

3.- Análisis de la Información y Diseño del Procedimiento: consiste fundamentalmente en estudiar cada uno de los elementos de información o grupos de datos que se integraron durante la recolección de información, con el propósito de obtener un diagnóstico que refleje la realidad operativa actual. Para analizar la información recabada, es conveniente responder los cuestionamientos fundamentales que se mencionan a continuación:
- ¿Qué trabajo se hace?

- ➤ ¿Quién lo hace?
- ➤ ¿Cómo se hace?
- ➤ ¿Cuándo se hace?
- ➤ ¿Por qué se hace?

4. - Análisis del Procedimiento: una vez que todas las actividades se han sometido al análisis correspondiente, y se considera que es necesario mejorar o rediseñar un procedimiento, se deberá utilizar la técnica de los cinco puntos que se presenta a continuación:

a) Eliminar: todo lo que no sea absolutamente necesario. Cualquier operación, cualquier paso, cualquier detalle que no sea indispensable, deben ser eliminados.

b) Combinar: algún paso del procedimiento con otro, a efecto de simplificar el trámite.

c) Cambiar: en este punto debe revisarse si algún cambio que pueda hacerse en el orden, el lugar o la persona que realiza una actividad puede simplificar el trabajo.

d) Mejorar: algunas veces es imposible eliminar, combinar o cambiar; en estas circunstancias puede optarse por mejorar el procedimiento; rediseñando una forma, un registro o un informe.

2.7. Elaboración de un manual de procedimientos

Los manuales de procedimientos son instrumentos administrativos necesarios para la coordinación, dirección, evaluación y control administrativo, así como para facilitar la adecuada relación entre las distintas unidades administrativas y la eficiente capacitación de estos. En donde todos los procedimientos precisos son agrupados en un solo documento de manera ordenada y lógica dependiendo de las distintas actividades en las que se componga, señalando generalmente quién, cómo, dónde, cuándo y para qué han de realizarse.

Los manuales de procedimientos deben ser elaborados con la participación de las unidades administrativas que tienen la responsabilidad de realizar las actividades.

Terminado el manual de procedimientos, deberá contarse el número de páginas que lo integran, incluyendo descripciones, formas, guías de llenado y la información documental necesaria, y numerar cada página.

Una vez que se cuenta con el proyecto del manual, se somete a una revisión final para verificar que la información contenida en el mismo sea la necesaria, esté completa y corresponda a la realidad.

Después de efectuar esta revisión, se debe someter a la aprobación de las autoridades correspondientes.

Una vez que el manual ha sido autorizado debe ser difundido a los responsables de su aplicación.

El proceso de implantación de procedimientos considera tiempos de capacitación, ya que resulta de gran importancia que las personas directamente involucradas en el uso de los manuales conozcan a detalle su contenido, con el objetivo de que tengan un conocimiento general.

La utilidad de los manuales de procedimientos radica en la veracidad de la información que contengan, por lo que es necesario mantenerlos permanentemente actualizados, a través de revisiones periódicas

.

2.7.1. Elementos de un manual de procedimientos

En la actualidad existe una gran variedad de modos de presentar un manual de procedimientos, y en cuanto a su contenido no existe uniformidad, ya que éste varía según los objetivos y propósitos de cada dependencia, así como con su ámbito de aplicación.

A continuación, se mencionan los elementos que se considera, deben integrar un manual de procedimientos, por ser los más relevantes para los objetivos que se persiguen con su elaboración:

- **Identificación:** se refiere a la portada del manual, en ella deberán aparecer logotipo de la empresa, nombre o siglas de la unidad administrativa, título de manual de procedimientos y fecha de elaboración.
- **Índice:** se presentan de manera sintética y ordenada, los apartados principales que constituyen el manual.
- **Desarrollo de los procedimientos:** constituye la parte sustancial del manual, se integra por el nombre, la descripción, el manejo de información y procedimiento.

Capítulo 3. Metodología

Para realizar el manual de herramientas del planeador primero se necesita información específica que debe ser proporcionada por el supervisor del área y planeadores actuales para identificar analizar las actividades clave del planeador para su correcta unificación.

Después documentar los procesos para la toma de decisiones, lo cual requiere identificar la información que son necesarias para los procesos de las actividades junto con las especificaciones como definiciones, colaboradores y responsabilidades para dichos procesos proporcionadas por la misma empresa para así poder plasmarlo a continuación, con la finalidad de facilitar la comprensión y conocer su importancia.

Finalmente crear el manual incluyendo un análisis comprensivo del procedimiento, que ofrezca soluciones diversas, exponga los lineamientos y provea información integral para realizar las actividades de forma estructurada.

Capítulo 4.   Desarrollo del Proyecto

4.1. Identificar y analizar las actividades clave

Para identificar las actividades clave el proceso de cada planeador tuvo que ser observado para distinguir los procesos clave.

Primero debe haber un requerimiento en el sistema del ítem necesario para así poder liberar una PO que es solicitado a compras, que se encarga de realizar los acuerdos con los proveedores. Después se envía la PO a proveedor para su aprobación y ya que es aprobada se inicia con el análisis de la planeación.

El análisis de la planeación consiste en considerar la información que se encuentra en los documentos y reportes para poder hacer un pronóstico correcto para la liberación de material.

La liberación de material se refleja en un SSR que es mandado a proveedor para confirmación de fechas.

Se hace un seguimiento de material con las facturas y numero de rastreo que es proporcionado por el proveedor. Si es necesaria su importación hay que prestar especial atención, ya que si la cantidad de la factura no concuerda con la cantidad física hay que pedir la corrección de la factura a proveedor para que pueda pasar por aduana.

Una vez que el material es recibido el responsable del almacén procede a verificar sus especificaciones. Se revisa que coincida la cantidad física con la con la cantidad de la PO y que tenga su debida liberación para que en Incoming sea aceptado, y el material sea cargado al inventario quede actualizado. Cuando el material no cumple con lo especificado en calidad el área de almacén debe rechazarlo y se manda a On Hold.

En la Figura 4.2 se muestra por medio de un diagrama de flujo el proceso de una manera más visual las actividades clave en el proceso de planeación.

Figura 4.2 Diagrama de flujo de proceso de planeación de materiales.

Attached at the end (p. 27).

Fuente: elaboración propia

4.2. Secciones del manual

El manual está enfocado a la sección Análisis de la Planeación, ya que esta parte es la que tiene mayor influencia en el proceso de planeación de materiales. Incluye desde el manejo de documentos base para planear hasta la creación de reportes para un mejor análisis.

4.2.1. Sección "In Transit"

El libro de Excel denominado como "In Transit" tiene el objetivo de conocer el estatus del flujo logístico desde que el proveedor libera el material hasta su llegada a los almacenes de Sensata Technologies. Utilizando herramientas como el programa de Oracle, el servicio de correo electrónico y las páginas de los transportistas para comparar la información y dar seguimiento a la validación del estatus de los embarques. En la figura 4.1 se muestra el formato del archivo.

Figura 4.1 Formato "In Transit"

Lin	Me	Item	Qty	Invoice	Supplier	Carrier	TN	Bo	Status	ShipDate	ETA Custom	Final ETA
EPOXY	OG	3000-1	5000	116693	GIGAVAC LLC	PROTRANS	S12566611	LRD	ADUANA	11-Mar	9-Jun	30-Dec
GXMX	OG	2112	628	116694	GIGAVAC LLC	PROTRANS	S12566611	LRD	ADUANA	15-Mar	13-Jun	30-Dec
CAUTO	OG	1911	5830	116694	GIGAVAC LLC	PROTRANS	S12566611	LRD	ADUANA	15-Mar	13-Jun	30-Dec
CAUTO	OG	1907	6600	116694	GIGAVAC LLC	PROTRANS	S12566611	LRD	ADUANA	15-Mar	13-Jun	30-Dec
GXMX	OG	1800	1218	116694	GIGAVAC LLC	PROTRANS	S12566611	LRD	ADUANA	15-Mar	13-Jun	30-Dec

Fuente: elaboración propia

Manejo de información para la sección "In Transit"

La información que se coteja en el libro de Excel "IN TRANSIT" a continuación:

En la sección **Method/Medio** se utilizan tres diferentes tipos de medios de transporte, el cual es asignado dependiendo de la urgencia, cantidad, peso y proveniencia del material. En la Tabla 4.1.2.1 se encuentran los tipos de medios de transporte junto con sus abreviaturas y condiciones asignadas a cada situación.

Tabla 4.1.2.1 Medios de transporte

Transportes	Aéreo	Terrestre	Marítimo
Abreviatura	AIR	OG	SEA
Condiciones	•Entregas de urgencia •Condición de resguardo •Materiales muy pequeños •Este tipo de embarques es restringido y solo justificado en el caso de problemas de calidad en producción	•Nacionales (2-3 días) •USA (10 días)	•ASIA (8 - 9 semanas) •EUROPA (6 – 7 semanas)

Fuente: elaboración propia

En la sección **Carrier** hace referencia a las empresas que proveen servicios de transporte para cargas. En la Tabla 4.1.2.2 se encuentran las páginas de Carrier nos ayudarán a realizar el flujo logístico de nuestro ítem colocando el TN; visualizando sus fechas de recolección, tránsito y arribo a la aduana.

Tabla 4.1.2.2 Carriers

Logo	Carrier	Link
removed	EXPEDITORS	https://www.expeditors.com/es
removed	FEDEX	https://www.fedex.com/es-us/tracking.html

removed	PROTRANS	http://sso.protrans.com/Track/Shipments/
removed	DHL	https://www.dhl.com/mx-es/home.html
removed	KUEHNE-NAGEL	https://mykn.kuehne-nagel.com/public-tracking/

Fuente: elaboración propia

Sensata se apoya principalmente en agentes aduanales para promover el despacho de los materiales en los diferentes regímenes. Junto con esto se utiliza la Caja de Críticos, que es un archivo creado por todos los planeadores con el propósito de registrar los ítems que estén liberados en la ADUANA, con la intención de programar su recolección durante el día.

En la sección **Status** indica la condición en la que se encuentra. En la Tabla 4.1.2.3 se encuentran las acciones nos ayudarán seleccionar el Status en el que se encuentra el material.

Tabla 4.1.2.3 Características de cada status

STATUS	ACCIÓN			
	ORACLE	CORREO	ON HOLD	PAQUETERÍA
IMPORTADO	X	X		
IMPORTACIÓN PARCIAL	X	X		
PENDIENTE DE RECIBO	X	X	X	
SCHEDULE TO PICK UP		X		X
INCOMING	X	X	X	
ADUANA PARCIAL		X		X

Fuente: elaboración propia

4.2.2. Sección "On Hold"

On Hold es un website en donde se encuentran todos los ítems que están en almacén que no cuentan con un reléase previo, o que poseen insuficiente cantidad de material finalmente no coincidiendo con la factura.

Se recomienda que cuando tenga el received en almacén liberemos el Release para que no entre al On Hold ya que retrasamos el tiempo de Received en IN TRANSIT.

4.3. Reportes

4.3.1. Reporte de recibos y usos

Es un informe acerca de la cantidad que se utilizó en la semana anterior. Con el objetivo de notificar a los planeadores si hubo cambios en su uso y así decidir si es necesario hacer Pull

	02/Ene-08/Ene		
	WK02		
Row Labels	**Sum of Amt Received**		
Alvizo Lopez, Bibiana Elizabeth	$ -		
De la Rosa Leyva, Angeles Andrea	$ 53,204		
Landeros Velasco, Ma. Guadalupe	$ 113,540		
Rubio Sosa, Alma Lorena	$ 63,575,098		
Grand Total	**$ 63,741,843**		
Row Labels	**Sum of Amt Used**		
Alvizo Lopez, Bibiana Elizabeth	$ 5,125		
De la Rosa Leyva, Angeles Andrea	$ 110,309		
Landeros Velasco, Ma. Guadalupe	$ 149,101		
Rubio Sosa, Alma Lorena	$ 145,144		
Grand Total	**$ 409,680**		
Grand Delta	$ 63,332,163		
	$ 1,796,811 TOTAL ENERO	$63,332,163 ACUMULADO ENERO	$409,680

in o Push out a los materiales. Son mandados a inicio de semana. En la figura 4.3.1 se muestra el formato del archivo.

Figura 4.3.1 Formato "Recibos y usos"
Fuente: elaboración propia

4.3.2. Reporte ISO

Es un informe acerca de la cantidad de órdenes internas. Con el objetivo de notificar a los planeadores si hubo nuevos requerimientos. Son mandados a inicios de semana. En la figura 4.3.2 se muestra el formato del archivo.

Figura 4.3.2 Formato "ISO's"

Inventroy Org Code	AGS	
Row Labels		**Count of Manufacturing Product Number**
Alvizo Lopez, Bibiana Elizabeth		5
De la Rosa Leyva, Angeles Andrea		2
Landeros Velasco, Ma. Guadalupe		4
Rubio Sosa, Alma Lorena		13
Grand Total		24

Fuente: elaboración propia

4.3.3. Reporte de inventario

Es un reporte diario destinado a captar la tendencia del inventario de cada uno de los planeadores. También muestra la comparación entre lo que se tiene en el día actual y el último lunes. Si se tiene menos cantidad con respecto al lunes pasado cambia a color verde y si se tiene más cantidad cambia a color rojo. En la figura 4.3.3 se muestra el formato del archivo.

Figura 4.3.3 Formato "Reporte de inventario"

Buyer Name	Total Net Inventory Value 2-Jan	Total Net Inventory Value 9-Jan	Total Net Inventory Value 10-Jan	Total Net Inventory Value 11-Jan	Total Net Inventory Value 12-Jan	Total Net Inventory Value 13-Jan	Delta vs Last Monday	Target Dec End 2023
Alvizo Lopez, Bibiana Elizabeth	$ 3,417,778	$ 3,619,535	$ 3,575,446	$ 3,588,981	$ 3,568,133	$ 3,600,329	$ (19,207)	
De la Rosa Leyva, Angeles Andrea	$ 8,113,593	$ 8,351,959	$ 8,351,387	$ 8,471,013	$ 8,553,919	$ 8,501,086	$ 149,127	
Landeros Velasco, Ma. Guadalupe	$ 4,562,127	$ 4,216,030	$ 4,149,494	$ 4,192,356	$ 4,165,592	$ 4,217,533	$ 1,503	
Rubio Sosa, Alma Lorena	$ 4,173,601	$ 4,028,735	$ 3,975,837	$ 3,893,614	$ 3,876,219	$ 3,822,492	$ (206,243)	
Susana Mora	$ 20,267,099	$ 20,216,259	$ 20,052,164	$ 20,145,964	$ 20,163,862	$ 20,141,440	$ (74,819)	$ -

Fuente: elaboración propia

4.3.4. Reporte de inventario por planeador

Es un documento que se actualiza diariamente para capturar la cantidad de inventario de cada uno de los ítems de los planeadores. En la figura 4.3.4 se muestra el formato del archivo.

Figura 4.3.4 Formato "Reporte de inventario por planeador"

		$ 3,693,258	$ 3,659,773	$ 3,596,595	$ 3,592,141	$ 3,554,683	Total
Manufacturin ▾	Manufacturing Su ▾	9-J ▾	10-J ▾	11-J ▾	12-J ▾	13-J ▾	Date ▾
0599	OASIS ENTERPRISES (	$ 176,423	$ 173,065	$ 169,845	$ 169,845	$ 167,594	
GV-300013-1	I-PEX USA MANUFAC	$ 155,499	$ 155,499	$ 149,063	$ 149,063	$ 149,063	
GV-300022-1	MODEL SOLUTION CC	$ 129,221	$ 129,221	$ 129,221	$ 129,221	$ 129,221	
0276	OASIS ENTERPRISES (	$ 116,839	$ 116,839	$ 116,330	$ 116,330	$ 116,017	
GV-300012-003	INSERTECH LLC	$ 102,751	$ 98,545	$ 94,339	$ 91,535	$ 87,329	
2606	GIGAVAC LLC	$ 89,016	$ 89,063	$ 87,662	$ 87,813	$ 87,028	
1680	TNT PLASTIC MOLDIN	$ 81,644	$ 79,202	$ 76,759	$ 74,317	$ 71,875	
GV-000110-3	WENZHOU CHANGHC	$ 80,007	$ 80,007	$ 80,015	$ 80,015	$ 80,015	

Fuente: elaboración propia

4.4. Sección "Material Status/High Runner Coverage"

Es un documento que se actualiza al principio de la semana para tener una gran visibilidad del tráfico y planeación a futuro del material. Se tienen en cuenta las demandas (que cambian constantemente) y lo que se recibe semanalmente.

En la figura 4.4 se muestra el formato del archivo, en el cual lo que se tiene en color verde es lo que se tiene cubierto, mientras lo que se tiene en rojo es lo que no está cubierto.

20

Figura 4.4 Formato "Material Status/High Runner Coverage"

Target row — 2 | F0003NFN-003 | BMW New Rev — with demand under January columns 23-Ja…28-Ja = 600 (each) and under February columns 30-Jan = 7997, 6-Feb = 6502, 13-Feb = 7997, 20-Feb = 7997, 27-Feb = 7997.

Item	Item Description	Supplier Name	Total OH	16-Ja	17-Ja	18-Ja	19-Ja	20-Ja	21-Ja	22-Ja	23-Ja	24-Ja	25-Ja	26-Ja	27-Ja	28-Ja	29-Ja
				Mon	Tue	Wed	Thu	Fri	Sat	Sun	Mon	Tue	Wed	Thu	Fri	Sat	Sun
1836	TUBULATION, ANNEALE	ST PRODUCTS LLC DBA SMAL	315,218								1,333	1,333	1,333	1,333	1,333	1,333	
2603	POTTING, RESIN, EV RO	E.V. ROBERTS DBA GRACORO	9,602,569								73,807	73,807	73,807	73,807	73,807	73,807	
2604	EPOXY HARDENER, E.V	E.V. ROBERTS DBA GRACORO	1,740,180								8,060	8,060	8,060	8,060	8,060	8,060	
GV-550044-1	ISOLATOR	UNITED PLASTICS GROUP(SUZ	104,729								667	667	667	667	667	667	
GV-120011-1	RETURN SPRING, 17-7	BAUMANN SPRING CO S PTE L	114,967								667	667	667	667	667	667	
GV-870008-1	INNER CAN	TRUELOVE & MACLEAN, INC.	83,569								667	667	667	667	667	667	
GV-750013-1	INNER HOUSING COVER	TNT PLASTIC MOLDING INC	50,112								667	667	667	667	667	667	
GV-550049-1	TERMINAL SHIELD	TNT PLASTIC MOLDING INC	20,570								1,333	1,333	1,333	1,333	1,333	1,333	
GV-120008-1	LATCH SPRING	BAUMANN SPRING CO S PTE L	78,018								667	667	667	667	667	667	
GV-550048-1	HARDSTOP NO GAP	VENZHOU HONGFENG ELECTR	371,827								667	667	667	667	667	667	
GV-000037-3	REWORKED ARMATUR	PLASMAN PRECISION PARTS	96,970								1,333	1,333	1,333	1,333	1,333	1,333	
GV-550045-1	CAN BRACE, NARROW	VENZHOU HONGFENG ELECTR	171,307								667	667	667	667	667	667	
2259-1	EXTERNAL MAGNET	SHANGHAI CJ MAGNET INDUS	287,092								1,333	1,333	1,333	1,333	1,333	1,333	
GV-550043-2	BRACKET	SMALL PARTS, INC	431,748								1,333	1,333	1,333	1,333	1,333	1,333	
GV-550034	KNURLED M8 CINCH NU	DB ROBERTS INC	258,113								1,333	1,333	1,333	1,333	1,333	1,333	
GV-550033	HIGH TEMP KAPTON D	MCMASTER CARR SUPPLY CO	85,377								1,333	1,333	1,333	1,333	1,333	1,333	
2804	SCREW, #2 PLASTITE,	AALL AMERICAN FASTENERS	132,243								1,333	1,333	1,333	1,333	1,333	1,333	
GV-550050-1	PLUG	UNITED PLASTICS GROUP(SUZ	102,299								667	667	667	667	667	667	
GV-120009-1	PLUNGER SPRING	BAUMANN SPRING CO S PTE L	153,130								1,333	1,333	1,333	1,333	1,333	1,333	
1855-1	MOVEABLE CONTACT,	METALWORKS HK LIMITED	80,829								667	667	667	667	667	667	
GV-120012-1	35LB CONTACT SPRING	BAUMANN SPRING CO S PTE L	184,857								667	667	667	667	667	667	
2663	RING, RETAINING, STA	ROTOR CLIP CO. INC.	161,514								667	667	667	667	667	667	
GV-300012-003	GFP HOUSING BMW, SI	INSERTECH LLC	30,546								667	667	667	667	667	667	
GV-750014-3	TOP CAP, BMW	UNITED PLASTICS GROUP(SUZ	102,113								667	667	667	667	667	667	
GV-750015-1	TUBE COVER, BMW	UNITED PLASTICS GROUP(SUZ	83,785								667	667	667	667	667	667	
GV-190032-1	PACKAGING, BAG POLY	SITE PLASTICOS SA DE CV	15,781								222	222	222	222	222	222	
GV-550094-2	O-RING AS568 - 004	TOP SEAL SA DE CV	142,087								667	667	667	667	667	667	
GV-130024-2	METAL PLUNGER THIC	JENSEN PRECISION MACHININ	33,253								667	667	667	667	667	667	
GV-190043-1	PACKAGING, PET TRAY	SITE PLASTICOS SA DE CV	5,600								667	667	667	667	667	667	
GV-550107-2	STAMPING LATCH PLA	SMALL PARTS, INC	0								750	750	750	750	750	750	
GV-300013-3	INNER HOUSING ASSEN	I-PEX USA MANUFACTURING IN	14,957								750	750	750	750	750	750	
GV-550130-1	MOLDING ALIGNED PLU	SUZHOU PIN SHINE TECHNOLO	56,707								750	750	750	750	750	750	
GV-190061-1	PACKAGING, PAL BOX	GUTENPACK SA DE CV	2,980								125	125	125	125	125	125	

Item	30-Jan (6)	6-Feb (7)	13-Feb (8)	20-Feb (9)	27-Feb (10)
1836	17,771	14,448	17,771	17,771	17,771
2603	983,695	799,768	983,695	983,695	983,695
2604	118,086	96,007	118,086	118,086	118,086
GV-550044-1	8,885	7,224	8,885	8,885	8,885
GV-120011-1	8,885	7,224	8,885	8,885	8,885
GV-870008-1	8,885	7,224	8,885	8,885	8,885
GV-750013-1	8,885	7,224	8,885	8,885	8,885
GV-550049-1	17,771	14,448	17,771	17,771	17,771
GV-120008-1	8,885	7,224	8,885	8,885	8,885
GV-550048-1	8,885	7,224	8,885	8,885	8,885
GV-000037-3	17,771	14,448	17,771	17,771	17,771
GV-550045-1	8,885	7,224	8,885	8,885	8,885
2259-1	17,771	14,448	17,771	17,771	17,771
GV-550043-2	17,771	14,448	17,771	17,771	17,771
GV-550034	17,771	14,448	17,771	17,771	17,771
GV-550033	17,771	14,448	17,771	17,771	17,771
2804	17,771	14,448	17,771	17,771	17,771
GV-550050-1	8,885	7,224	8,885	8,885	8,885
GV-120009-1	17,771	14,448	17,771	17,771	17,771
1855-1	8,885	7,224	8,885	8,885	8,885
GV-120012-1	8,885	7,224	8,885	8,885	8,885
2663	8,885	7,224	8,885	8,885	8,885
GV-300012-003	8,885	7,224	8,885	8,885	8,885
GV-750014-3	8,885	7,224	8,885	8,885	8,885
GV-750015-1	8,885	7,224	8,885	8,885	8,885
GV-190032-1	2,962	2,408	2,962	2,962	2,962
GV-550094-2	8,885	7,224	8,885	8,885	8,885
GV-130024-2	8,885	7,224	8,885	8,885	8,885
GV-190043-1	8,885	7,224	8,885	8,885	8,885
GV-550107-2	9,996	8,127	9,996	9,996	9,996
GV-300013-3	9,996	8,127	9,996	9,996	9,996
GV-550130-1	9,996	8,127	9,996	9,996	9,996
GV-190061-1	1,666	1,355	1,666	1,666	1,666

4.5. Sección "Short Ítems"

Es un documento Excel que lo actualiza constantemente el planeador asignado conforme se va haciendo seguimiento de cada ítem, sus demandas, la cobertura que se tiene y los arribos.

4.5.1. Manejo de información para la sección "Short Ítems"

En la figura 4.5 se muestra el formato del archivo, en el cual, la columna Stopper indica a que es un ítem crítico para todas las líneas. En la columna Weekly usage se refiere a la cantidad de material que se utiliza semanalmente y en la columna If hace referencia a dos opciones de status OK y SHORT, en Short hace referencia a que se tiene menos de 6 o 4 semanas de cobertura, depende del ítem.

Figura 4.5 Formato "Short Ítems"

Stopper	Product Line	Item	Item Description	Buyer	Supplier Name	Safety Stock Qty	On hand	Apr	Wkly Usage	Wks coverage	If	Annual Vol	HU (8wks)	Critical escalated	20-Feb	21-Feb	22-Feb	23-Feb
STOPP	GVFC	2603	POTTING, RESIN,	Rubio Sosa, Alma L	E.V. ROBERTS DBA GR	6,806,400	3,889,526	13,967,336	3,591,456	1	SHORT	215,840,271	########	BMW				
STOPP	GVFC	2604	EPOXY HARDENEF	Rubio Sosa, Alma L	E.V. ROBERTS DBA GR	1,423,744	781,776	1,710,170	443,124	2	SHORT	26,179,190	328,593	BMW				
STOPP	GVFC	0252-GVC	CERAMIC MAGNE	Alvizo Lopez, Bibiar	SHANGHAI CJ MAGNE	67,400	727,304	293,451	62,273	12	OK	4,757,994	49,493					
STOPP	GVFC	2606	RTV LOCTITE 598	Rubio Sosa, Alma L	ELLSWORTH ADHESIV	95,800	1,329,571	443,540	75,547	18	OK	4,415,971	61,778					
STOPP	GVFC	2602	SWITCH LABEL, W	De la Rosa Leyva, A	GEMETYTEC DE GUAN	68,700	600,195	282,989	60,484	10	OK	4,577,190	49,207	0				
0	GXMX	3369	POTTING, RESIN,	Rubio Sosa, Alma L	INGENIERIA EN SISTEN	100,200	791,431	261,096	62,509	13	OK	3,554,700	53,308					
0	GXMX	3370	POTTING, HARDEI	Rubio Sosa, Alma L	INGENIERIA EN SISTEN	100,200	920,931	261,096	62,509	15	OK	3,406,700	53,308					
STOPP	GVFC	2608	FINAL PRODUCT L	De la Rosa Leyva, A	GEMETYTEC DE GUAN	45,400	416,890	190,294	38,201	11	OK	3,378,365	30,970					

Fuente: elaboración propia

4.6. Sección "Turbo Tracker"

Es un archivo Excel que sirve de apoyo a los planeadores, ya que arroja la demanda a futuro (Forecast), las órdenes que se tienen abiertas y la demanda en firme de clientes, así como sus ISO's. Dando la visibilidad necesaria para planear para mandarlo proveedor (SSR).

4.6.1. Manejo de información para la sección "Turbo Tracker"

En la figura 4.6 se muestra el formato del archivo. En el cual contiene información del archivo DOS, junto con los usos históricos y recibos esperados.

Figura 4.6.1 Formato "Turbo Tracker"

BU	Product L	Item	Item Descr	Supplier Na	Net On Ha	Safety Stock	Inventory M	OVERDUE	20-Feb-23 (9)	27-Feb-23 (10)	6-Mar-23 (11)	13-Mar-23 (12)	20-Mar-23 (13)	27-Mar-23 (14)	3-Apr-23 (15)
AUTO	EPOXY	0263-GVC	CERAMIC M	SHANGHAI C	104,173	33,900	78,999	72,470	10,004	16,310	23,255	13,850	26,596	23,768	12,664
							Turbo Fcst	72,470	10,004	16,310	23,255	13,850	26,596	23,768	12,664
Days Covera	73		Not Promise		Fixed Lot	Lead Time	Expected								
Days Covera	35				11,760	6	New Release								
			Not Promise		MOQ	MRB	DOS Balance	31,703	21,699	5,389	(17,866)	(31,716)	(58,312)	(82,080)	(94,744)
GR1 as it is					11,760	-	TF Balance	31,703	21,699	5,389	(17,866)	(31,716)	(58,312)	(82,080)	(94,744)
AUTO	EPOXY	388	SPRING, CON	NEWCOMB S	10,503	23,200	129,476	41,617	6,649	13,144	19,043	9,277	14,857	13,990	8,388
							Turbo Fcst	41,617	6,649	13,144	19,043	9,277	14,857	13,990	8,388
Days Covera	11		Not Promise		Fixed Lot	Lead Time	Expected	100,000				100,000			
Days Covera	5				1,000	12	New Release								
			Not Promise		MOQ	MRB	DOS Balance	(31,114)	62,237	49,093	30,050	20,773	105,916	91,926	83,538
GR1 as it is					100,000	-	TF Balance	(31,114)	62,237	49,093	30,050	20,773	105,916	91,926	83,538
AUTO	GV350	90725A715	ZINC-PLATED	MCMASTER	2,970		53	-	-	-	-	-	-	1,584	-
							Turbo Fcst	-	-	-	-	-	-	1,584	-
Days Covera	No demand		Not Promise		Fixed Lot	Lead Time	Expected								
Days Covera	158					4	New Release								
			Not Promise		MOQ	MRB	DOS Balance	2,970	2,970	2,970	2,970	2,970	2,970	1,386	1,386
GR1 as it is						-	TF Balance	2,970	2,970	2,970	2,970	2,970	2,970	1,386	1,386

Fuente: elaboración propia

Capítulo 5.   Resultados

5.1. Implementación y resultados

El proceso de implementación consistió en primero se proporcionar el Manual de Herramientas del Planeador a la Jefatura de Planeación de Materiales en marzo del 2023. Después se entregar el Manual de Herramientas del Planeador a Planeadores y becarios. Para finalmente hacer una sesión de capacitación a Planeadores y Becarios.

El resultado de implementar el uso de Manual de Herramientas del Planeador en el Departamento de Planeación de Materiales con información ordenada y sistemática sobre los procedimientos necesarios para la administración de los materiales contribuyó en la estandarización del trabajo del personal actual como del material para la capacitación de planeadores.

Capítulo 6.   Conclusión

El análisis de los procesos, la generación de reportes y procedimientos eficaces y eficientes para la planeación de materiales y el control de inventarios con base en el manual de herramientas del planeador también favorecerá:
* El control del inventario en niveles objetivo
* Optimización de los costos de expeditación de materiales
* Cumplir con los programas de producción sin paros de línea

Lo aprendido en el área de planeación fue integral: fue teórica reforzando conceptos de control de producción, de gestión de cadena de suministros; fué práctico analizando procesos y creando macros en Excel; también fue interpersonal con mi asesor en la empresa y con compañeros; pero también fue aprendizaje personal para cumplir con la generación de los reportes y plazos de entrega para contribuir con mis actividades del proyecto para el logro de los objetivos de la empresa.

6.1. Glosario especializado

A continuación un glosario en el cual se muestran significados e implicaciones de los conceptos utilizados en el área de planeación de materiales.

Annual Volume/Volumen Anual: se determina calculando los ingresos recibidos durante el año en cuestión mediante la venta de productos.

Cycle Counts: es un recuento de ciclos de inventario. Tiene como objetivo tener un seguimiento regular de los registros de inventario en una escala más pequeña e intervalos más frecuentes, reduciendo posibilidades de compra excesiva y evitar inventario extraviado.

DOS(Days of Supply): es el archivo que indica el tiempo que durarán las existencias disponibles.

ETA (Estimated Time of Arrival)/ Hora estimada de llegada: es la fecha prevista y esperada de la entrega a la ubicación determinada.

Forecast: se refiere a hacer predicciones basadas en datos pasados y presentes.

INCOTERM: son términos que reflejan las normas de aceptación voluntaria por las partes en un contrato de compraventa internacional de mercancías.

ISO (Internal Sale Orders): son órdenes internas, se envían materiales dentro de la misma empresa.

Inventory Detail: se refiere a todos los artículos/materiales se poseen.

Invoice/Factura: es un documento mercantil que refleja toda la información de una operación de compraventa que es proporcionada por el proveedor.

Line/Línea: se refiere a la línea de producción de cada producto.

LT(Lead Time): es el tiempo transcurrido entre el inicio y la finalización de un proceso de producción.

MOQ (Minimum Order Quantity): es la cantidad mínima de pedido que se pueden comprar en un pedido a un proveedor.

MRB (Material Review Board): es la junta de revisión de materiales formada por miembros autorizados de calidad e ingeniería para revisar, evaluar y determinar la disposición adecuada del material no conforme.

Manufacturing Product Number: se refiere al número de manufactura del ítem.

Manufacturing Supplier Name: se refiere al nombre del proveedor.

OH (On Hand): hace referencia a lo que se tiene actualmente en almacén.

PO (Purchase Order): indica el número de orden de compra:

Proveedor: es asignado específicamente para cada planeador para dar seguimiento de manera continua.

Pull in: hace referencia a cuando de la fecha que había sido establecida el arribo del material solicitado se requiere que llegue antes, ya sea por cambios de demanda, cycle counts o material que pasa por SQA es mandado a MRB.

Push out: hace referencia a cuando de la fecha que había sido establecida el arribo del material solicitado se requiere que llegue después. Principalmente esto se da por cambios de demanda.

Quantity/Cantidad: se refiere al número de ítems que son pedidos o que han sido recibidos.

Receipt: indica el número del recibo. Que es proporcionado por el archivo Receipts, en el que se documentan constantemente todos los arribos y sus fechas correspondientes.

Release: indica el número de liberación.

Status Closed/Open: se utilizan colores para representar los mismos (verde Closed y rojo Open) los cuales se refieren a Open (Abierto) cuando la situación sigue pendiente y Closed (Cerrado) cuando la situación ha sido solucionada.

Ship Date/Fecha de envío: se refiere a la fecha en la cual comienza el trayecto del pedido hasta su destino.

SQA(Software Quality Assurance): es el aseguramiento de la calidad por medio de la supervisión de los procesos, métodos y productos de la ingeniería del software con normas definidas.

SSR = Supplier Schedule Requirement

TLT(Total Lead Time): es el tiempo total de entrega.

TN (Tracking Number)/Número de rastreo: permite identificar exclusivamente su embarque para el rastreo nacional e internacional.

Total inventory Value: se refiere al valor de todos los artículos/materiales se poseen.

WIP(Work In Process): describe los productos parcialmente acabados a la espera de ser terminados.

WE (Warehouse Entrance)/Entrada bodega: hace referencia al número o código asignado a una entrada de bodega específica en aduana.

Bibliografía

Solís Carcaño, R., Zaragoza Grifé, N. y González Fajardo, A. (2009). La administración de los materiales en la construcción. Ingeniería, Revista Académica de la FI-UADY, 13-3, pp. 61-71, ISSN: 1665-529X.

Isidore, L J and Back, W E (2002). Multiple Simulation Analysis for Probabilistic Cost and Schedule Integration. Journal of Construction Engineering Management (Reston), Vol. 128, 2002, No. 3, pp. 211-219.

Lamouri, S., & Thomas, A. (2000). The two level master production schedule and planning bills in a just in time MRP context. International Journal of Production Economics, 64(1-3), 409-415.

Everett, E. E..; Rondald. R. R. Administración de la Producción. UNAM. (4 Ed.).

Thompson. H. J. (2006). El Dilema de Lean. The Shingo Prize.

Carro. P. R.; Gonzales. G. D. El sistema de producción de operaciones. Facultad de Ciencias Económicas y Sociales.

Figura 4.2 Diagrama de flujo de proceso de planeación de materiales.

Fuente: elaboración propia

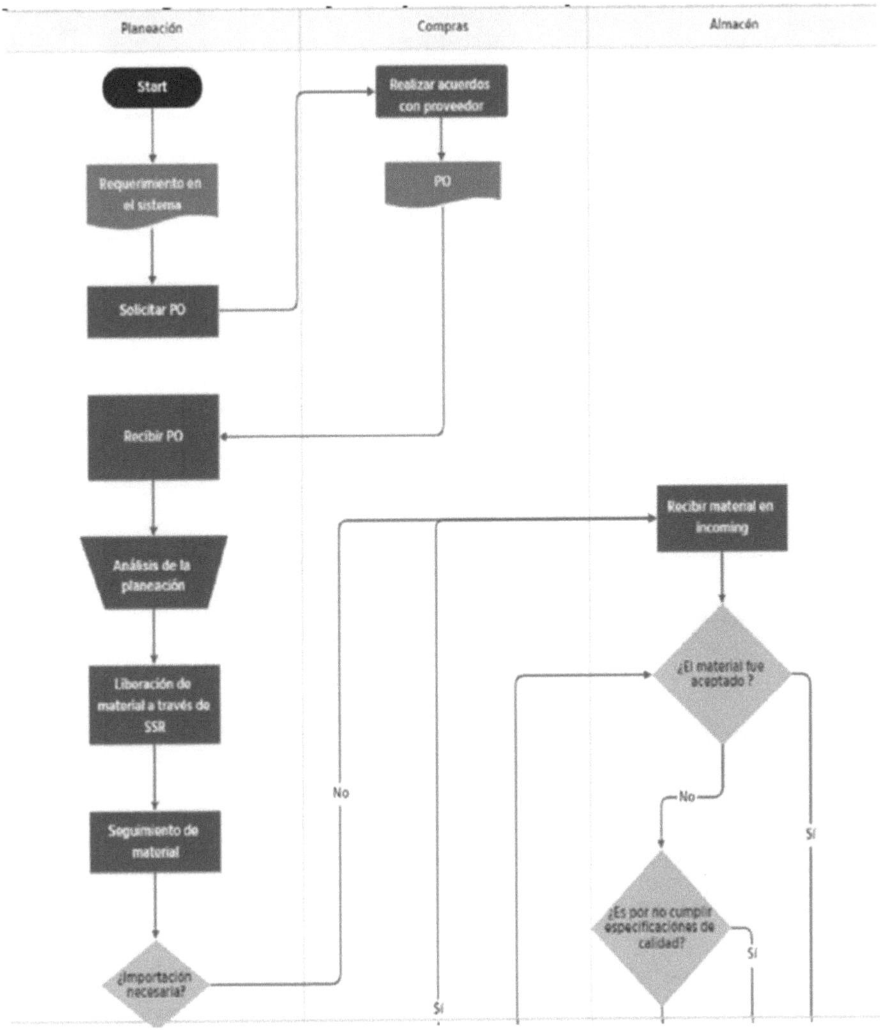

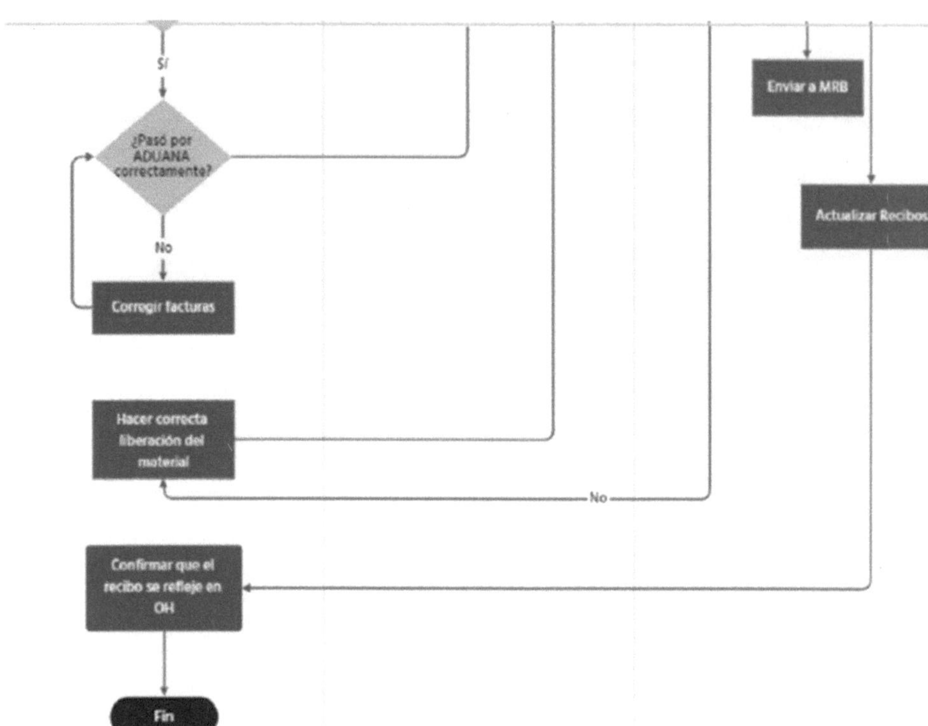
Sí
¿Pasó por ADUANA correctamente?
No
Corregir facturas
Hacer correcta liberación del material
No
Confirmar que el recibo se refleje en OH
Fin
Enviar a MRB
Actualizar Recibos